Charles-Hubert Lavollée

Des Expositions universelles

Essai

 Le code de la propriété intellectuelle du 1er juillet 1992 interdit en effet expressément la photocopie à usage collectif sans autorisation des ayants droit. Or, cette pratique s'est généralisée dans les établissements d'enseignement supérieur, provoquant une baisse brutale des achats de livres et de revues, au point que la possibilité même pour les auteurs de créer des œuvres nouvelles et de les faire éditer correctement est aujourd'hui menacée. En application de la loi du 11 mars 1957, il est interdit de reproduire intégralement ou partiellement le présent ouvrage, sur quelque support que ce soit, sans autorisation de l'Éditeur ou du Centre Français d'Exploitation du Droit de Copie , 20, rue Grands Augustins, 75006 Paris.

ISBN : 978-1719482684

10 9 8 7 6 5 4 3 2 1

Charles-Hubert Lavollée

Des Expositions universelles

Essai

Table de Matières

Des Expositions universelles 7

Des Expositions universelles

Les expositions universelles de Londres et de Paris laisseront dans le souvenir de la présente génération et dans l'histoire du XIXe siècle une trace profonde. La nouveauté et la grandeur de l'idée qui a réuni dans une même enceinte les produits du génie humain, l'immense concours de population qui, attiré des différents points du monde, s'est pressé dans les galeries d'Hyde-Park et des Champs-Élysées, la solennité dont les gouvernements ont entouré ces fêtes de l'industrie et de l'art, tout, en un mot, a contribué à rehausser l'éclat du magnifique spectacle dont nous avons été témoins. Comment ne pas rappeler le saisissant contraste que présentaient les deux expositions avec l'état général de l'Europe à l'époque où elles se sont ouvertes ? En 1851, l'Europe était à peine remise d'une commotion révolutionnaire qui avait suspendu l'activité du travail industriel ; en 1855, elle se trouvait en pleine guerre. À la vue des merveilles exposées à Londres et à Paris, se serait-on douté que la révolution et la guerre étaient aux portes ? Au milieu de ce panorama des œuvres de la paix, pouvait-on songer encore aux désordres de la rue et aux terribles scènes des champs de bataille ? Les expositions de Londres et de Paris ont eu les honneurs de la période si pleine d'événements, si émouvante, que nous venons de traverser. Par elles, les peuples ont protesté contre la révolution et contre la guerre ; par elles, la pensée contemporaine a exprimé éloquemment ses vœux pacifiques et tracé le programme qu'elle assigne à la politique de l'avenir. La France revendique l'idée de ces concours universels, la Grande-Bretagne se glorifie d'avoir pris l'initiative de l'exécution; mais à quoi bon faire ainsi la part des deux peuples, dont l'émulation dégénère trop souvent en rivalité? Ce n'est ni l'Angleterre ni la France, c'est le génie du XIXe siècle qui a inspiré et exécuté l'entreprise. Les expositions universelles procèdent des besoins, des sentiments, des passions de notre temps.

Il y a donc là une question nouvelle. Les expositions de 1851 et de 1855, si brillantes qu'elles aient été, peuvent n'être considérées que comme des essais, comme une première application d'une pensée juste et grande. Il s'agit maintenant d'y puiser pour l'avenir d'utiles enseignements, et d'en dégager les principes qui devront présider à l'organisation des expositions futures. Telle est la tâche qu'a entreprise, dans un rapport adressé à l'empereur et récemment publié, le prince Napoléon. Parmi les nombreux travaux qui ont été consacrés au compte-rendu de l'exposition, ce rapport mérite particulièrement de fixer l'attention. Après avoir exposé les faits et comparé les résultats obtenus à Paris et à Londres, le président de la commission impériale a exprimé, sur le rôle des expositions, sur les réformes à introduire dans ces grands concours de l'industrie et des beaux-arts, une opinion personnelle dont on ne saurait récuser la compétence, et qui ouvre le champ à un libre débat.

Malgré la guerre, en dépit des nombreuses difficultés d'exécution que rencontrait une telle entreprise, tentée pour la première fois en France, l'exposition de 1855 a réussi : elle a attiré plus de cinq millions de visiteurs; la collection des chefs-d'œuvre de l'art et de l'industrie a été aussi complète qu'on pouvait l'espérer; les meilleures dispositions avaient été prises pour l'installation des produits et pour le bien-être du public. En voyant, d'après le rapport du prince Napoléon, les obstacles qui se présentaient presque à chaque pas, les moyens qu'il a fallu souvent improviser, les expédients auxquels on a dû avoir recours pour convoquer de tous les points de la France et du monde les produits destinés à l'exposition, pour les classer avec méthode en conciliant autant que possible les lois de la science avec les exigences de la pratique, et surtout pour les loger dans le Palais de l'Industrie, reconnu insuffisant dès l'origine, ainsi que dans les bâtiments annexes, on apprécie l'importance et la multiplicité des travaux auxquels s'est livrée la commission impériale et la part d'initiative et d'intelligente direction qui revient à son président. Le rapport que nous avons sous les yeux trace l'historique des différentes phases par lesquelles a passé l'exposition universelle. Constitution et organisation, — installation, —appréciations et récompenses, — liquidation, — tels sont les titres des chapitres où sont exposés successivement les mille détails de cette grande œuvre internationale. Nous ne nous arrêterons point à cette partie du rapport, bien qu'elle contienne d'ingénieuses observations qui enlèvent au compte-rendu le caractère de froide monotonie qui se rencontre d'ordinaire dans les documents officiels. Arrivons immédiatement à l'examen des considérations générales, où se trouvent développées diverses propositions qui intéressent les expositions futures.

Des Expositions universelles

Dans la pensée du prince Napoléon, les expositions doivent être à l'avenir *universelles*, c'est-à-dire faire appel à tous les peuples. Elles pourront néanmoins être *partielles*, en d'autres termes embrasser seulement un groupe de produits, car il serait impossible de renouveler fréquemment, avec l'extension qui leur a été donnée en 1851 et 1S55, les concours universels, par suite des difficultés presque insurmontables d'emplacement qui s'opposeraient à la collection et à l'étalage de cette masse immense de productions. En outre les études des industriels et l'attention du public, concentrées successivement sur une seule catégorie de produits, seraient plus sérieuses et plus fécondes. Suivant ce système, les expositions générales n'auraient lieu que tous les demi-siècles; les expositions partielles reviendraient périodiquement à des intervalles plus rapprochés. Enfin les expositions ne pourraient être utilement organisées qu'à Londres et à Paris, ces deux métropoles étant les seules qui, par leur importance, par l'influence de rayonnement qu'elles exercent sur le monde entier, par leur supériorité industrielle, commerciale et intellectuelle, semblent en mesure d'attirer les visiteurs de tous les pays.

A première vue, ces idées paraissent très rationnelles. Habilement développées dans le rapport, elles produisent sur l'esprit une vive impression. Il est bien vrai qu'après avoir assisté aux concours de 1851 et de 1855, notre génération trouvera fort incomplètes de simples expositions nationales, telles que celles qui avaient lieu en France tous les cinq ans. Cependant faut-il penser d'une manière absolue que les expositions ne sont plus désormais possibles que sous la forme d'expositions universelles, et le système proposé ne soulève-t-il pas à son tour de graves objections? Soit qu'elles embrassent, comme en 1851 et en 1855, la généralité des produits, soit qu'elles comprennent seulement l'une des grandes divisions de l'industrie (agriculture, instruments de production, articles fabriqués), les expositions universelles rencontrent des obstacles et exigent des dépenses qui ne permettent guère de nombreuses représentations, même abrégées, de ces magnifiques spectacles. Réussir a-t-on à organiser fréquemment à Paris et à Londres une exposition universelle, dût-on n'y faire figurer que l'une des branches du travail industriel? Cela est douteux. Il n'en faudra pas moins, lors même qu'il ne s'agirait que des articles fabriqués ou des instruments de production, procéder dans chaque pays aux dispositions compliquées que réclame une pareille œuvre, convoyer des points les plus éloignés du monde les échantillons et les modèles, imposer à tous les gouvernements, et en particulier au gouvernement qui ouvrira l'exposition, des frais considérables d'organisation, de surveillance, de commissions spéciales. On a vu ce qu'il a coûté de temps et d'argent pour préparer les dernières expositions. De plus, le système des expositions partielles offre l'inconvénient de laisser nécessairement un trop long intervalle entre les concours établis pour les mêmes produits. A moins d'une exposition en permanence, qui lasserait bientôt le public et les industriels, le tour des différentes classes de produits, si l'on institue pour chacune d'elles une exhibition quinquennale, ne reviendrait guère que tous les vingt ou vingt-cinq ans. Ce délai serait évidemment trop éloigné. Enfin, quant au siège des expositions, s'il est exact que Paris et Londres sont les deux capitales qui offrent à tous égards les conditions les plus favorables, il semble bien difficile de faire accepter par l'Europe cette désignation exclusive. Croit-on que l'Autriche, l'Allemagne, la Russie, la Belgique même, consentiraient à abdiquer complètement leurs prétentions à ouvrir dans leurs capitales des expositions universelles? Il ne s'agit pas seulement ici d'une question fort délicate d'amour-propre national : de graves intérêts sont également en jeu. Il est clair que le pays qui fait les honneurs de l'exposition en profite matériellement dans la proportion la plus forte, puisque ses habitants peuvent le plus aisément tirer parti des enseignements qui résultent d'un pareil concours, établi à leur portée et sous leurs yeux. Un souverain sera toujours jaloux de procurer à ses sujets un spectacle qui doit flatter leur orgueil, exciter leur émulation, attirer un grand nombre d'étrangers et fournir un aliment à la curiosité populaire. C'est beaucoup pour un gouvernement que de savoir distraire le peuple, et il ne saurait y avoir, à coup sûr, au temps où nous sommes, de distraction plus utile, plus active que le tableau d'une exposition générale. On en a eu la preuve à Paris et à Londres. Comment donc les autres gouvernements renonceraient-ils à la pensée de tenter ce que l'Angleterre et la France ont accompli avec succès? Pourquoi ne voudraient-ils pas à leur tour se donner le luxe d'une exposition? Il faut reconnaître d'ailleurs qu'en présence des progrès de l'industrie en Allemagne, en Autriche, dans le nord de l'Italie et même en Russie, une exposition universelle pourrait, dans quelques années, choisir avantageusement pour siège l'une des métropoles de l'Europe centrale, par exemple Vienne, Berlin ou Varsovie. Avec les paquebots à vapeur et les chemins de fer, le transport des produits n'est plus qu'une question de dépenses, et si les états du Zollverein, l'Autriche et la Russie veulent suivre notre exemple et payer les frais du concours, les éléments d'une exhibition brillante ne leur feront pas défaut. Dans le cas où l'industrie des puissances occidentales ne répondrait pas à leur appel sous le prétexte que la France et l'Angleterre se seraient concertées pour organiser des expositions périodiques, les gouvernements du centre et de l'est de l'Europe refuseraient, par représailles, d'envoyer à Paris et à Londres les produits de leurs fabricants, et la mésintelligence, les susceptibilités nationales viendraient compromettre une œuvre qui ne peut subsister qu'à la condition de la bonne harmonie, d'une complète entente entre tous les pays.

Par ces divers motifs, il nous paraît que le plan proposé dans le rapport du prince Napoléon serait d'une réalisation très douteuse, et qu'il faut chercher dans d'autres combinaisons le moyen de concilier les avantages incontestables des expositions universelles avec l'habitude acquise et la nécessité démontrée d'expositions fréquentes et périodiques. En conservant pour la France les expositions quinquennales, et en établissant pour règle que, tous les vingt-cinq ans, l'exposition sera universelle, on se tiendrait dans une juste mesure. Nos industriels continueraient à profiter des bénéfices de publicité et des encouragements que leur procure, depuis le commencement de ce siècle, le système d'expositions quinquennales. Les grandes industries, celles qui, par la nouveauté, par la perfection ou par le bon marché de leurs produits, sont dignes de fixer l'attention du monde entier, figureraient dans les expositions universelles, où les admissions pourraient sans inconvénient être rendues plus difficiles qu'elles ne l'ont été en 1851 et en 1855. En un mot, il ne s'agirait que de perfectionner, en le complétant, le mode d'exposition consacré par l'expérience française. Un concours universel, à l'expiration de chaque période de vingt-cinq ans, mettrait en présence des progrès de notre industrie les progrès accomplis par les industries étrangères. Cette simple modification suffirait pour ce qui nous concerne. De leur côté, d'autres nations ouvriraient de semblables concours, où seraient envoyées nos principales productions, de telle sorte que, par le fait, l'Europe verrait, à des intervalles assez rapprochés, soit à Paris, soit ailleurs, l'une de ces grandes solennités industrielles qui sont destinées à exercer sur l'avenir des gouvernements et des peuples une si heureuse influence; car, suivant l'exacte et ingénieuse appréciation du président de la commission impériale, « les expositions universelles font partie de ce vaste programme économique auquel appartiennent les voies ferrées, les télégraphes électriques, la navigation à vapeur, les percements d'isthmes, tous les grands travaux publics, et qui doit amener un accroissement de bien-être moral, c'est-à-dire de liberté, en même temps qu'une augmentation de bien-être matériel, c'est-à-dire plus d'aisance au profit du plus grand nombre. »

Quelle est l'organisation financière qui convient le mieux aux expositions? — Question importante, car, malgré l'intérêt qui s'attache à ces solennités, il est bien certain que, si elles devaient être trop coûteuses, il deviendrait difficile de les faire entrer dans les habitudes des gouvernements. Les dépenses de l'exposition de 1855 se sont élevées à 11 millions de francs, tandis que les recettes provenant des prix d'entrée qui ont été perçus au profit de la compagnie du Palais de l'Industrie ont à peine atteint 3 millions. La dépense nette a donc été de 8 millions environ. Il est vrai que les fâcheuses dispositions du local, l'insuffisance de l'emplacement, la nécessité de construire à la hâte des bâtiments annexes, etc., ont singulièrement accru le chiffre des frais); on doit aussi tenir compte de l'extrême libéralité qui a présidé à l'organisation de cette fête, non moins politique qu'industrielle, à laquelle la France conviait tous les peuples : il fallait évidemment qu'une entreprise ayant à sa tête un prince et dirigée avec le concours des représentants des premiers corps de l'état fût, par l'éclat de l'ensemble et par le luxe des détails, tout à fait digne de ces hauts patronages; c'était enfin une première représentation, et l'on comprend qu'elle ait été entourée d'une magnificence exceptionnelle. Ne soyons donc pas trop effrayés du bilan de l'exposition de 1855 : on pourra dans l'avenir, avec moins de faste et à moins de frais, offrir aux regards du public une exhibition qui ne sera pas moins complète ni moins utile pour les sérieuses études ; mais, indépendamment du chiffre même des dépenses, il reste à examiner comment les expositions devront être administrées. Le prince Napoléon se prononce pour le principe d'un prix d'entrée à exiger des visiteurs, et, tout en déclarant que, dans son. opinion, l'organisation la plus rationnelle serait de laisser la direction des expositions à l'initiative des particuliers, il reconnaît qu'en fait l'application de ce système en France sera longtemps encore impossible.

En Angleterre, on le sait, l'initiative des particuliers suffit amplement à l'organisation de ces sortes d'entreprises : c'est une société qui a exploité en 1851 le Palais de Cristal, c'est une société qui a préparé l'exposition de peinture ouverte à Manchester en 1856; la prochaine exposition universelle de l'industrie sera régie par le même principe. Tel est le génie anglais : en toutes choses, la nation entend faire elle-même ses propres affaires, non point seulement parce qu'elle obéit à un vif instinct d'activité personnelle, mais encore parce qu'elle se défie de l'autorité, et repousse, autant que cela est possible, l'action directe de l'état. Le paiement d'un prix d'entrée aux guichets de l'exposition est une conséquence nécessaire de ce système. Il convient que le public rembourse à la compagnie les frais du spectacle; autrement, la représentation ne pourrait avoir lieu. Le péage s'accorde d'ailleurs parfaitement avec les habitudes anglaises : il ne provoque ni mécontentement ni réclamation; les classes les plus pauvres s'y soumettent comme à une obligation très légitime et l'acquittent comme une dette. Le public est tellement accoutumé à payer partout sa place, que même dans les édifices qui appartiennent à la nation, et où il pourrait se croire en quelque sorte chez lui, au moins pour sa part de contribuable, le visiteur anglais débourse sans murmure le *shilling* ou l'*half-crown* qui lui est demandé à la porte, et qui indigne parfois le touriste du continent. En un mot, chez nos voisins, on paie partout et pour tout. Nos mœurs et nos habitudes sont en France diamétralement opposées. Nous laissons à l'état le soin de tout faire avec les ressources du budget, nous lui abandonnons la direction de toutes les entreprises qui présentent au moindre degré le caractère d'utilité publique, nous le constituons notre mandataire général; mais, une fois que nous avons versé dans la caisse du percepteur notre part d'impôt, nous supportons difficilement les taxes accessoires, les souscriptions, les péages, ces mille contributions de-détail qui se dressent à chaque pas devant le citoyen anglais; nous voulons n'avoir plus à ouvrir la bourse et obtenir partout, dans les fêtes publiques, dans les musées, dans les expositions, notre entrée *gratis*. Cette disposition d'esprit est, à vrai dire, assez logique. Quoi qu'il en soit, il faut, quand on veut organiser une œuvre nationale, prendre les nations comme elles sont, et régler ses plans d'après les mœurs, les habitudes, les sentiments et même les préjugés de la société au sein de laquelle on compte les appliquer. C'est pour ce motif qu'on ne saurait de longtemps encore se reposer sur l'initiative des particuliers pour entreprendre en France une exposition universelle. Le prince Napoléon l'a bien compris, et, quoique son opinion personnelle soit plus favorable au système anglais, il s'est incliné devant l'irrésistible argument de la nécessité, et il se résigne à voir l'exposition prochaine dirigée, comme celle de 1855, par une commission gouvernementale et aux frais de l'état. Il demande cependant, et dans sa pensée cette restriction paraît être essentielle, que la commission soit prise en dehors des administrations publiques, auxquelles il refuse complètement l'esprit d'initiative, et qu'il accuse de ne puiser trop souvent ses inspirations que dans la routine.

J'avoue que je n'ai pas lu sans un sentiment de regret cet ostracisme prononcé contre l'administration française, et surtout les sévères considérants de l'arrêt qui la condamne. Ce n'est pas, il est vrai, la première fois que l'administration est traitée de routinière. Comme elle est à peu près chargée de tout, on la rend nécessairement responsable de ce qui se fait et de ce qui ne se fait pas; comme il faut que, d'après notre système général, tous les citoyens, petits ou grands, aient recours à elle pour le règlement de leurs intérêts, c'est à elle, à elle seule qu'ils imputent les refus ou les retards qu'ils éprouvent. On ne lui pardonne rien; de toutes parts, on crie haro sur elle. Les solliciteurs éconduits, les rêveurs qui voient leurs plans enfouis sous la poussière des cartons, d'honnêtes contribuables qui ne se doutent souvent ni de l'illégalité ni de l'originalité exagérée de leurs demandes, beaucoup de gens, on le voit, sont très disposés à accabler l'administration sous les malédictions de leur génie méconnu ou de leur mauvaise humeur. Cela se conçoit; mais que cette accusation de routine se rencontre dans le rapport du président de la commission impériale, qu'elle émane d'un esprit généreux et éclairé, qu'elle sorte de la plume d'un prince, c'est ce qui est grave. Si l'on envisage sérieusement les choses, on doit reconnaître que, loin de manquer d'initiative, l'administration s'est toujours trouvée à la hauteur du rôle qui, à tort ou à raison, lui a été attribué. Ce rôle, à la fois périlleux et délicat, a consisté tantôt à réprimer les extravagances, tantôt à stimuler la tiédeur de l'opinion. A la suite des secousses politiques qui trop souvent ont remué notre pays, on a vu l'administration tenir ferme contre les rêves de l'utopie, contre les projets insensés, et préserver de l'influence contagieuse des révolutions les intérêts matériels et sociaux dont la garde lui est confiée. Alors elle a été intrépide dans sa résistance, et, si l'on veut, dans sa routine. Mais en même temps que l'on cite un progrès réel, une réforme salutaire à laquelle, par ses excellents procédés d'exécution et par les efforts intelligents de son nombreux personnel, elle n'ait pas coopéré! Dans plusieurs passages de son rapport, le prince Napoléon a signalé les modifications qu'il serait désirable d'introduire dans notre régime commercial, et il espère avec raison que les expositions universelles auront pour effet d'abaisser les barrières des douanes, qui entravent l'échange des produits entre les divers peuples. Eh bien! dans cette question si importante, qui touche à tant d'intérêts, l'histoire contemporaine n'atteste-t-elle pas que l'administration française s'est toujours montrée plus libérale que l'opinion? Aujourd'hui même, ses propositions en matière de tarifs ne rencontrent-elles pas dans les conseils-généraux, au corps législatif, au sénat, une opposition décidée, presque violente? En réalité, ce n'est pas elle qui prêche la routine ; c'est la majorité du pays qui se refuse à la suivre dans les voies plus larges où elle voudrait l'engager. On pourrait citer d'autres exemples : bornons-nous aux expositions. Avant l'exposition universelle, il y a eu en France plusieurs expositions de l'industrie. Comment ont-elles été organisées, si ce n'est par les soins de l'administration? Et voit-on que celle-ci s'en soit mal tirée? En 1856, nous avons eu à Paris une exposition universelle de bestiaux; ce n'était point une œuvre facile à exécuter, et cependant une simple division ministérielle, la division de l'agriculture, a suffi à cette tâche. Il est possible que, pour obtenir plus sûrement l'ordre et la précision de mouvemens qui doivent marquer tous ses actes, l'administration s'impose à elle-même et impose au public un luxe trop grand de formalités et d'écritures : il y a même encore une certaine école bureaucratique qui mesurerait volontiers son importance au poids de ses dossiers ; mais, tout bien considéré, il est permis de penser que les services publics renferment des élémens d'intelligence et d'initiative plus que suffisans pour concourir utilement à l'organisation de la prochaine exposition universelle, et qu'il serait superflu de chercher ailleurs des auxiliaires plus actifs et plus dévoués.

Je reviens, après cette digression, à la question financière. Il s'agit de savoir si l'on doit exiger des visiteurs le paiement d'un prix d'entrée aux expositions. D'après le prince Napoléon, cette mesure serait équitable, puisqu'au lieu de faire supporter obligatoirement à tous une dépense ouverte au profit d'une partie de la nation, on la ferait ainsi acquitter volontairement par ceux-là mêmes qui en retirent avantage. Pour que le raisonnement fût tout à fait exact, il faudrait que le produit du prix d'entrée couvrît entièrement les dépenses de l'exposition; autrement, comme les frais sont, en France du moins, prélevés sur le budget général, tous les contribuables demeureraient grevés d'une dépense dont tous ne seraient pas autorisés à profiter. On pourrait ajouter que le succès matériel et en quelque sorte moral d'une exposition industrielle réside dans la publicité la plus large, que l'exposant, qui souvent s'est imposé de lourdes dépenses pour figurer avec honneur à ce concours solennel, désire légitimement ne pas voir restreindre le nombre des spectateurs admis à apprécier ses produits, enfin qu'il y a presque un intérêt national à ne pas éloigner la foule d'un spectacle où son goût s'élève et s'épure, d'un musée populaire où lui apparaît partout l'image du travail. Malgré ces objections, qui pourraient être présentées en faveur du principe de la gratuité, la proposition du prince Napoléon sera probablement adoptée pour les expositions futures, car d'un autre côté il n'est pas inutile d'habituer peu à peu la population à ce système de péages, qui est usité en Angleterre, et qui favorise l'action et l'indépendance des efforts individuels; on hâtera ainsi le moment où des compagnies particulières courront moins de risque à entreprendre les expositions, parce qu'elles trouveront le public mieux disposé à les rémunérer directement. En fixant le tarif à un taux peu élevé, on n'écartera point les visiteurs sérieux, et le péage, si minime qu'il soit, débarrassera les galeries de ces promeneurs oisifs et incommodes qui considèrent une exposition comme un lieu d'asile ou comme un boulevard, et qui n'ont même pas le mérite d'admirer le travail d'autrui. Quant à la foule honnête et laborieuse, l'entrée gratuite accordée pendant un ou deux jours par mois donnera satisfaction à sa curiosité très légitime. Ces divers procédés ont été employés en 1855; il ne paraît pas que l'imposition d'un droit d'entrée ait provoqué la moindre plainte. Le nouveau mode est introduit dans nos traditions, et l'on n'éprouvera aucune difficulté pour l'appliquer à l'avenir.

Mais l'expérience de 1855 a démontré la nécessité d'abaisser presque aux dernières limites les chiffres du prix d'entrée. Le nombre des visiteurs payants a été de 2,182,433 pour le jour où le prix d'entrée était à 20 centimes (le dimanche), et de 2,097,607 pour les jours où le prix était à 1 franc (cinq jours de la semaine). Du 16 mai au 31 juillet, le prix d'entrée fixé pour les vendredis à 5 francs donna 33,926 visiteurs seulement; on le réduisit à 2 francs à partir du 1er août jusqu'au 9 novembre, et le chiffre des visiteurs s'éleva pendant cette période à 95,688. Les billets de saison, d'une valeur de 50 francs ou 25 francs, ne furent pris que par 4,663 personnes pour l'exposition de l'industrie, et par 180 pour l'exposition des beaux-arts. Curieuse statistique, qui attesterait chez le peuple français ou une bien rare parcimonie ou un goût bien peu vif pour les chefs-d'œuvre de l'art ou de l'industrie! Il faut dire, pour notre décharge, que de nombreuses cartes d'entrée gratuite furent délivrées par les soins de la commission impériale à diverses catégories de visiteurs, et que cette sorte de libéralité, limitée d'ordinaire aux soldats et aux invalides, mais étendue cette fois aux journalistes et aux savants, restreignit dans une certaine mesure l'achat des billets de saison, dont on se souvient qu'à Londres le débit avait été si considérable. « C'est un préjugé fort répandu en France que l'homme qui ne paie pas est distingué entre tous, par cela même qu'il jouit d'un privilège d'autant plus recherché que l'égalité a étendu son niveau sur tous les citoyens. » Cette remarque est du prince Napoléon, et nous pouvons chaque jour, même dans les plus vulgaires incidents de la vie, en reconnaître la justesse. Avoir ses entrées à un théâtre, remplir de sa famille ou de ses amis une loge d'Opéra qui n'a rien coûté, voilà des jouissances auxquelles ne résiste pas chez nous la vanité d'un homme riche. Peu lui importe le cadeau fait à sa bourse : avec son billet donné, il s'estime supérieur à ses voisins, gens sans influence et sans considération! Il est distingué, il jouit d'un privilège, c'est là ce qui le touche. Ainsi se comporte notre démocratie. Écoutons encore une de ces observations fines et justes qui se rencontrent fréquemment dans le rapport du prince. « En Angleterre, tout homme veut paraître plus riche qu'il ne l'est; chez nous au contraire, l'aisance se dissimule et profite sans honte des avantages qui ont été créés en faveur des classes moins fortunées. Avec nos tarifs différentiels, il arriva que le dimanche, jour où le prix d'entrée était de 20 centimes, l'exposition était fréquentée non-seulement par des ouvriers, mais encore et surtout par les personnes appartenant aux classes les plus aisées de la société. » Que conclure de ce fait, fidèle expression de nos mœurs? C'est que, pour attirer le public aux prochaines expositions, il faudra, à défaut de l'entrée gratuite, réduire le péage à un taux très modique.

La question de l'emplacement est pour une exposition, surtout pour une exposition universelle, d'une importance extrême. « Les dispositions purement matérielles, dit le prince Napoléon, s'élèvent ici à la hauteur d'une question de méthode; il s'agit de faire que l'aménagement soit un auxiliaire des études.» Si l'on veut se rendre compte des difficultés qu'entraîne le choix d'un local convenable, on n'a qu'à lire dans le rapport les tribulations de toute nature qu'a éprouvées la commission impériale pour adapter à sa destination le Palais de l'Industrie. D'abord ce malheureux palais, qui devait offrir aux produits de la France une hospitalité splendide, se trouva, avec ses 45,000 mètres de superficie, tout à fait insuffisant, et l'on reconnut qu'un espace de près de 120,000 mètres serait nécessaire pour l'exposition de l'industrie seulement, l'exposition des beaux-arts exigeant de son côté près de 20,000 mètres. Il fallut dès lors s'ingénier, construire l'immense galerie qui couvrit une grande partie du quai de Billy, affecter à l'exposition la rotonde du Panorama, édifier un bâtiment spécial pour les beaux-arts, projeter autour du monument principal des logements accessoires qui ne présentaient, à vrai dire, rien de gracieux à l'œil, et qui enlevaient à l'exposition française le caractère de grandeur et d'heureuse harmonie que l'on avait admiré à Londres en 1851. La difficulté fut telle que, de l'aveu du prince, elle faillit un moment com-

Des Expositions universelles

promettre le succès de l'exposition. Ce n'est pas tout. Le Palais de l'Industrie appartenait alors à une société dont les administrateurs désiraient naturellement tirer de l'exposition le plus large profit, exploiter comme une entreprise cette grande œuvre internationale et recueillir pour les actionnaires les éléments d'un gros dividende. De là conflit permanent entre la commission impériale, qui se préoccupait en première ligne de l'intérêt public, et l'administration de la société, qui avait surtout en vue un intérêt privé. La société, qui sentait bien que l'exposition était pour elle une épreuve solennelle et comme une bataille décisive, destinée à ruiner ou à relever son crédit, était portée à multiplier les sources de recettes. Le restaurant, la buvette, les dépôts de cannes, etc., tout lui paraissait bon pour battre monnaie, et elle comptait exercer strictement tous les droits attachés à son titre de propriété. Elle était dans son rôle, car ce n'était point par patriotisme, ni pour la plus grande gloire de l'industrie, que des actionnaires trop confiants avaient consacré leurs capitaux à l'érection du vaste édifice, décoré dans l'acte social du nom de palais, qui couvre la superficie de l'ancien carré Marigny ! Mais on s'imagine combien devait être gênante cette lutte continuelle entre deux intérêts contradictoires et souvent inconciliables! Aussi le prince Napoléon se prononce-t-il, dans les termes les plus formels, contre la continuation d'un pareil système. Il demande comme une condition indispensable qu'à l'avenir le bâtiment destiné à une exposition universelle soit construit en vue de l'entreprise elle-même. Il énumère ensuite les dispositions qui lui semblent le mieux convenir pour l'aménagement intérieur d'un tel édifice, de manière à faciliter le classement méthodique des produits, à guider les études et à ménager le temps des visiteurs, h réaliser à la fois l'élégance, la commodité et la solidité. C'est un plan complet dans lequel aucun détail n'est omis. Il faut savoir gré au prince de n'avoir point dédaigné ce travail, en apparence secondaire et matériel, mais en réalité si important pour le succès d'une exposition. Le programme qu'il a tracé avec une parfaite entente et avec goût épargnera aux organisateurs de la prochaine solennité industrielle bien des mécomptes, et simplifiera la tâche de l'architecte qui sera chargé de construire l'édifice.

Nous ne devons pas oublier que, dans son rapport, le prince Napoléon traite toutes les questions au point de vue des expositions *universelles*, et non plus dans la prévision de simples expositions *nationales*, ces dernières lui paraissant être désormais sans objet. J'ai exposé les motifs qui m'engagent à penser que le système des expositions nationales pourrait encore être pratiqué en France. Dans cette hypothèse, les arguments développés par le président de la commission pour l'érection d'un édifice spécial consacré à l'exposition conserveraient toute leur force, et, alors même que les 45,000 mètres du Palais de l'Industrie suffiraient pour recevoir les produits de l'une de nos expositions quinquennales, l'édifice demeurerait, par ses aménagements et par ses dispositions intérieures, tout à fait impropre à cette destination. Depuis que le Palais de l'Industrie est devenu, heureusement pour les actionnaires, propriété de l'état, on s'est fréquemment demandé ce que l'on en ferait. Les uns ont proposé d'y établir la Bourse; les autres l'ont transformé en caserne; d'autres encore y ont installé définitivement l'Opéra. Bien que l'on y ait vu successivement une exposition agricole, une exposition des beaux-arts et une exposition d'horticulture, les esprits ne se sont pas jusqu'à ce jour habitués à y voir l'emplacement d'une exposition industrielle, et ce grand monument reste là, prenant beaucoup de place, très embarrassant pour l'acquéreur, et fort embarrassé lui-même de sa lourde inutilité. Nous ne savons ce que les destins lui réservent, mais il peut dès à présent changer son enseigne : comme palais de l'industrie, il est condamné; il ne survivra pas à l'arrêt qu'a prononcé contre lui le prince Napoléon. Il faudra donc, pour les expositions nationales comme pour les expositions universelles, que l'état fasse les frais d'un bâtiment temporaire.

Nous arrivons aux questions que soulève la préparation du règlement applicable aux expositions. Parmi ces questions, qui sont très nombreuses, mais qui, pour la plupart, semblent avoir été suffisamment résolues par l'expérience en 1851 et en 1855, le prince Napoléon a signalé trois points principaux qui réclament un examen approfondi : 1° les législations douanières peuvent-elles subsister telles qu'elles existent? 2° quelle décision doit être prise à l'égard des prix de vente? 3° les jurys de récompenses atteignent-ils au but qui les a fait instituer?

On sait que notre législation douanière frappe encore de prohibition ou de droits très élevés un grand nombre d'articles manufacturés à l'étranger. Lorsque l'exposition universelle fut décrétée, on se demanda comment il conviendrait de traiter les produits apportés au Palais de l'Industrie. Il fut décidé d'abord que, dans l'enceinte du palais, ils demeureraient placés sous le régime de l'entrepôt; mais, l'exposition terminée, obligerait-on les fabricants à acquitter le droit intégral sur les produits tarifés, droit qui s'élève parfois à plus de 100 pour 100 de la valeur, et à réexporter ceux de ces produits qui sont prohibés? Exiger le paiement de la totalité des droits, c'eût été d'une rigueur extrême; appliquer strictement la prohibition, c'eût été tomber dans l'absurde. Le plus simple était assurément d'autoriser l'admission exceptionnelle des produits étrangers en franchise de toutes taxes et en exemption de toutes formalités de douane; mais qu'auraient pensé les partisans de la protection et de la prohibition, c'est-à-dire, il faut bien l'avouer, la grande majorité de nos industriels? La belle occasion pour eux de dénoncer, comme attentatoire à leurs intérêts, cette faveur passagère accordée à l'étranger, et de convaincre le gouvernement de tendances vers le libre-échange! On n'osa pas heurter de front ces vieux préjugés, et l'on s'arrêta à un moyen terme. Il fut décidé que tous les produits étrangers, même les produits prohibés, pourraient, après la clôture de l'exposition, être introduits en France moyennant un droit maximum de 20 pour 100. Pour assurer l'exécution de cette mesure, on dut installer dans le Palais de l'Industrie une centaine d'agents des douanes, ouvrir un bureau de vérification et d'écritures, etc. Et quel fut le résultat? Une importation représentant une valeur de 2,200,000 francs, sur laquelle a été perçue, à titre de droits de douane, une somme de 333,000 francs! Le prince Napoléon propose avec raison de supprimer à l'avenir ces formalités vexatoires et ridicules. Ce n'est pas l'entrée de quelques échantillons de fils, de tissus ou de porcelaine, qui compromettra le sort de l'industrie nationale et viendra faire concurrence à nos manufactures. Un poste de douane au milieu d'une exposition universelle est une vivante contradiction. On convoque solennellement les œuvres les plus perfectionnées des fabriques étrangères, on les expose aux yeux de tous, on vante, on récompense leur mérite; puis, à un moment donné, on les taxe ou on les achemine vers la frontière avec escorte et sous plombs! C'est là une triste fin. Non-seulement l'introduction très limitée de ces articles ne causerait aucun dommage à nos fabriques, mais encore la mesure d'expulsion dont on les frappe éloigne des modèles dont le public pourrait apprécier l'emploi, et que l'industrie française trouverait souvent profit à s'approprier par une imitation intelligente. Il est donc désirable, à tous les points de vue, que la douane n'ait plus rien à voir dans les futures expositions.

J'ai indiqué plus haut l'opinion exprimée par le prince Napoléon quant à l'influence que doit exercer l'exposition universelle de 1855 sur le régime commercial et économique des peuples, et en particulier de la France. Il est évident que cette influence sera favorable à la liberté du commerce, et qu'elle entraînera la suppression successive des prohibitions et des taxes trop élevées. Je passe à la question des prix de vente. Doit-on interdire l'indication des prix sur les produits exposés, la rendre facultative ou la prescrire comme obligatoire? Le premier mode a été appliqué à Londres en 1851. On l'a généralement blâmé. — Pourquoi, disait-on, empêcher un fabricant de faire connaître le prix des produits qu'il expose et priver ainsi le public d'un élément très essentiel d'appréciation? « Une pareille interdiction était contraire à la moralité commerciale; c'était en quelque sorte faire au public l'aveu brutal qu'on ne voulait ni l'éclairer ni lui dire la vérité. » Ce jugement est un peu sévère, et la commission anglaise ne l'accepterait pas. Il semble plus équitable et plus vrai de supposer que la commission, apercevant l'impossibilité d'obtenir de tous les industriels la publication des prix, a préféré établir pour l'ensemble des exposants une règle uniforme. Sans doute aussi elle avait compris que l'indication facultative, dont l'exactitude eût été très difficile à contrôler, donnerait lieu à des fraudes qui auraient mis en relief les fabricants peu scrupuleux, au détriment des fabricants honnêtes, et qui auraient en même temps égaré l'opinion du public. L'expérience de 1855 justifie jusqu'à un certain point la mesure adoptée à Londres. Dès le début, le président de la commission impériale avait proposé l'indication obligatoire. « Un petit nombre d'industriels ayant donné ce renseignement, la commission adressa les invitations les plus pressantes de faire connaître les prix au public ou au moins au jury. Ces appels eurent un médiocre succès. Les exposants continuèrent pour la plupart à dissimuler leurs prix de vente, et parmi ceux qui se décidèrent à les faire connaître, il y eut peu de moyens

Des Expositions universelles

de contrôle, de sorte qu'on ne put savoir si les déclarations étaient conformes à la vérité. » Dans une autre partie du rapport, on lit : « A diverses reprises, la commission stimula le zèle des exposants pour obtenir d'eux l'indication des prix; mais ou bien elle échoua devant un mauvais vouloir très prononcé, ou bien elle n'obtint que des résultats illusoires. » En conséquence, le prince estime que l'indication facultative des prix, essayée en 1855, devrait être bannie d'une exposition.

Les deux premiers systèmes étant ainsi écartés, reste le système des prix obligatoires, pour lequel le prince se prononce formellement et avec une insistance toute particulière. Ce n'est pas qu'il se dissimule les difficultés que l'on rencontrera pour obtenir des prix exacts, ni les résistances qu'il faudra briser; mais ces obstacles ne le découragent pas. Il espère que l'exemple, donné d'abord par un certain nombre d'industriels, gagnera de proche en proche, deviendra contagieux, et domptera les plus récalcitrants. « Pourquoi, dit-il, serait-ce précisément dans le commerce et dans les transactions qu'on s'abstiendrait de porter la lumière, c'est-à-dire là où les lois de la justice la réclament le plus? Tout ce qui est honnête doit pouvoir se dire tout haut. Le commerce doit se soumettre aux exigences de la publicité; je l'estime trop pour lui faire l'injure de croire qu'il a besoin de ténèbres pour prospérer. Le commerce est une des forces de la civilisation; il faut donc qu'il se montre à la hauteur du rôle qui lui est dévolu. » On remarquera que, même dans cet ordre d'idées, le système de l'indication obligatoire des prix de vente ne triompherait pas immédiatement, et que l'on serait forcé d'admettre, pendant quelque temps encore, jusqu'à ce que l'exemple de quelques-uns eût entraîné la masse des industriels, le système de l'indication facultative; mais je n'insiste pas sur cette légère contradiction qui subsiste entre l'opinion absolue développée dans le rapport et le mode indiqué pour atteindre le but. J'aime mieux applaudir aux nobles sentiments dont on vient de lire l'éloquente expression. Il n'y a pas un industriel, pas un commerçant, même parmi ces exposants qui en 1855 ont fourni des indications illusoires ou volontairement inexactes, il n'y en a pas un seul qui ne proclame bien haut les principes exposés par le prince Napoléon sur le rôle et les obligations du négoce. Tous déclareront qu'en effet ils ont horreur des ténèbres et qu'ils veulent la lumière; tous protesteront de leur amour pour la vérité. Malheureusement ce qui est bien certain aussi, c'est que quand il s'agira de livrer leurs prix à la publicité d'une exposition, un certain nombre d'industriels puiseront dans leur intérêt, bien ou mal entendu, des arguments décisifs pour s'abstenir. Lors des fréquentes expositions qui ont eu lieu soit en France, soit à l'étranger, la proportion des exposants qui ont indiqué leur prix de vente ou de revient a toujours été des plus faibles. On a vu ce qui s'est passé en 1855. En effet, le prix d'un produit, non pas seulement le prix de revient, mais encore le prix vénal, est le secret, et le secret très légitime, du manufacturier et du commerçant. A l'exception de quelques grandes usines qui, pour certaines catégories de produits, travaillent au grand jour et possèdent des tarifs presque invariables (celles-là sont connues dans le monde entier, et la fixité même de leurs prix est un élément de leur prospérité et de leur réputation), la plupart des manufactures, tant en France qu'à l'étranger, ont des tarifs différents, suivant la nature et l'importance de leurs acheteurs, suivant les saisons, suivant les alternatives de la vie commerciale. On ne leur demanderait pas les prix de revient, qui, de l'aveu de toutes les personnes compétentes, est le plus souvent impossible à établir exactement pour une appréciation comparative : le prince Napoléon ne demande que le prix de vente au consommateur. Or il y a des fabricants honnêtes et sincères qui se trouveraient eux-mêmes fort embarrassés pour fournir exactement le prix qu'il conviendrait d'indiquer dans une exposition, et, je le répète, beaucoup d'industriels continueraient à penser que leur intérêt est sérieusement attaché au secret de leurs transactions. Faut-il parler de ceux qui chercheraient à tromper sur le prix de la marchandise exposée? Comment les dévoiler et les convaincre? Le contrôle ne jaillira pas aussi facilement qu'on le pense de la comparaison des prix; le jury aurait, dans tous les cas, une tâche bien délicate à remplir, et s'il avait à contrôler sérieusement l'exactitude des indications fournies, c'est-à-dire s'il devait prononcer un verdict sur la sincérité ou sur le mensonge d'une déclaration, il assumerait une responsabilité souvent périlleuse. Je me borne à soumettre ces considérations en regard de l'opinion émanée du président de la commission impériale, opinion que je voudrais pouvoir partager, car rien ne serait plus désirable que la connaissance du prix réel des produits; aucun renseignement ne serait plus précieux, tant pour les gouvernements chargés de préparer les lois économiques et commerciales que pour la masse des consommateurs. Toutefois cette question est entourée de telles difficultés, qu'il est permis de la juger insoluble par le système de l'indication obligatoire. L'indication facultative, qui, à vrai dire, ne trompe pas le public autant qu'on le suppose, parce que chacun sait ce qu'elle vaut dépourvue de tout contrôle, paraît devoir être maintenue.

Quant aux jurys des récompenses, le président de la commission propose de les supprimer en les remplaçant par des jurys d'études. Dans sa pensée, le progrès industriel n'a pas besoin d'être encouragé, provoqué par l'autorité officielle : le meilleur juge des perfectionnements accomplis, c'est le consommateur; le véritable aéropage des récompenses, c'est tout le monde. Ces principes établis, le prince Napoléon signale avec force les nombreux inconvénients que présente, à ses yeux, l'institution des jurys tels qu'ils ont fonctionné jusqu'à ce jour. Le temps, les moyens d'examen, les termes de comparaison, tout leur ferait défaut. Les meilleures intentions, les études les plus consciencieuses ne les préservent pas d'erreurs, d'injustices très regrettables. Si pour les industriels de premier ordre, dont les produits commandent l'admiration générale, les récompenses peuvent être décernées sans hésitation et ne risquent point d'être contestées par le sentiment public, il n'en est pas de même des récompenses accordées à une foule d'industriels dont la supériorité relative laisse quelque place au doute. Alors s'agitent autour des jurys les intrigues, les influences, les mille manœuvres du savoir-faire, qui dans bien des cas enlèvent les médailles méritées par des concurrents absents, plus modestes ou moins adroits. Il n'y a d'ailleurs pas de *criterium*, pas d'étalon commun pour les appréciations des jurys. Les produits étant partagés entre divers groupes, il arrive souvent qu'un produit, récompensé dans la classe à laquelle il appartient, se trouve très inférieur, quant au travail et au génie de l'inventeur, à des produits non récompensés dans d'autres classes. Il conviendrait donc de transformer les jurys actuels en simples jurys d'étude, qui auraient pour mission de décrire les produits et de mettre en relief les inventions et les perfectionnements. Ces jurys, au lieu de rendre des verdicts, émettraient des vœux et des observations utiles. Ils exposeraient les mérites de chaque industriel, ils plaideraient devant le public dans l'intérêt de toute œuvre digne d'être signalée; mais ils s'abstiendraient de prendre des conclusions. Tel est en résumé le mode que recommande le président de la commission impériale, et sur ce point encore j'aurais à exprimer quelques doutes. Que le jury ne soit pas et ne puisse pas être parfait, cela est incontestable. Que, dans la distribution des récompenses, le savoir soit exposé à être sacrifié au savoir-faire et le mérite modeste à l'intrigue, cela est encore évident; cela se voit et se verra toujours, aux expositions et ailleurs. On peut même concéder que, dans les concours industriels, la nécessité de grouper les produits par classes est une cause particulière et considérable d'injustices relatives. En un mot, il y a une grande part de vérité dans les critiques que le président de la commission impériale dirige contre l'institution des jurys de récompenses; mais ces critiques ne s'adressent-elles pas également aux jurys d'études? S'il n'y a plus de médailles, il y aura le compte-rendu. La récompense changera de forme, et l'ambition des exposants sera d'obtenir du jury d'études un rapport détaillé et favorable. Dans ce système comme dans l'autre, les industriels modestes peuvent être oubliés, les absents auront tort; la conscience des jurés courra le risque d'être égarée par les intrigues, par les faux renseignements, par les obsessions importunes. Quant aux injustices relatives, elles ne disparaîtront pas entièrement : deux produits égaux en mérite pourront souvent n'être pas également appréciés, parce qu'ils ne seront pas étudiés par la même classe du jury ou parce que le rapport, en ce qui les concerne, ne sera pas rédigé par le même juré. Mais pourquoi nous arrêter à cette comparaison des deux systèmes? La question est ailleurs. Ce n'est pas un besoin de justice absolue qui a motivé l'institution des récompenses dans les concours de l'industrie. Bien que, jusqu'à ce jour, les décisions des jurys aient été considérées comme représentant une moyenne suffisante d'équité, on sait parfaitement que les jurés ne sont pas infaillibles, et que l'on pourrait quelquefois interjeter appel de leurs arrêts. Ce qui a fait établir les récompenses, c'est le désir de stimuler et d'honorer l'industrie, et il faut reconnaître que ce moyen est en définitive très efficace. Indépendamment de l'idée de lucre, la pensée d'obtenir une médaille encourage l'industriel et provoque des sacrifices dont les résultats profitent à tous. Il est notoire que, pendant l'année qui précède une exposition, il y a dans les usines un redoublement d'efforts pour perfectionner la fabrication des produits et pour hâter l'apparition des inventions nouvelles. Dira-t-on que l'espoir d'une distinction honorifique est étranger à ce mouvement? Les récompenses entretiennent une émulation féconde, à laquelle il serait fâcheux de porter atteinte dans l'un de ses éléments les plus solides, les plus humains. Il ne faudrait pas non plus supprimer la cause de ces manifestations touchantes, de ces fêtes de famille qui d'ordinaire se produisent dans les usines, lorsque le patron, honoré par le suffrage des représentants les plus élevés de l'industrie, rentre au milieu de ses ouvriers, qui se sentent récompensés en lui et avec lui. Tout ce qui établit un lien, une communauté de sentiments et d'intérêts entre les patrons et les classes ouvrières, tout ce qui rappelle l'étroite solidarité qui unit les chefs et les soldats de la grande armée du travail, tout cela est salutaire et doit être précieusement conservé. Au reste, l'opinion du prince Napoléon en matière de récompenses n'est point absolue. S'il proscrit les médailles pour les expositions de l'industrie, il les maintient pour les expositions des beaux-arts, parce que, dans ce domaine délicat, le goût du public doit être évidemment dirigé par l'opinion d'une minorité d'élite. Cette pensée est développée dans l'un des passages les plus remarquables du rapport, qui se termine par des considérations pleines d'intérêt sur l'avenir des expositions d'économie domestique. On sait que ce nouveau genre d'exhibition, proposé par un Anglais, M. Twining, et inauguré en 1855 sous le patronage du prince Napoléon, peut concourir utilement au bien-être des classes populaires, en imprimant un vif essor aux industries qui s'adressent à la masse des consommateurs.

Tels sont les principaux points traités dans le rapport du président de la commission impériale. Le prince Napoléon a examiné toutes les questions qui se rattachent aux expositions, il a abordé de front toutes les difficultés, et il n'a jamais hésité à exprimer son opinion personnelle, au risque de heurter parfois la tradition ou les préjugés. En même temps il y a dans le rapport tant de franchise, il y circule un courant si vif d'idées libérales, que le débat se trouve presque naturellement provoqué, et que l'objection sincère peut se produire avec la certitude d'être la bienvenue. En assignant aux expositions universelles une large place dans les préoccupations des gouvernements et des peuples, en étudiant avec tant de soin les règles qui doivent en dominer l'organisation, le prince Napoléon n'a point exagéré l'importance de ces vastes concours. Les expositions universelles seront dans l'avenir l'un des plus énergiques instruments de civilisation et de progrès; elles fourniront aux nations l'occasion de se rapprocher et les moyens de se mieux connaître : elles apporteront en quelque sorte au fonds commun de l'humanité toutes les découvertes, tous les perfectionnements du génie industriel, sans cesse en travail sous les diverses latitudes. Par la mise en contact des produits et des hommes, elles ouvriront les voies à des échanges plus faciles, à un commerce plus actif, à une harmonie plus complète entre les besoins et les sentiments internationaux. Unité des monnaies, uniformité des poids et mesures, solidarité plus intime du crédit et des banques, similitude de législation pour certains intérêts économiques et pour la garantie réciproque de la propriété artistique, industrielle et littéraire, tous ces progrès, qui, il y a quelques années à peine, étaient relégués dans le royaume des chimères, semblent aujourd'hui possibles, quelques-uns même prochains. Nous n'avons encore vu que deux expositions universelles, et déjà des efforts sérieux ont été tentés pour établir dans les principaux pays de l'Europe l'uniformité des poids et mesures. On a remarqué l'association formée à Paris en 1855 sous l'inspiration de cette louable pensée. La statistique elle-même, l'impassible statistique s'est émue; elle a tenu des congrès, comme si le chiffre voulait, lui aussi, s'animer d'un souffle nouveau et prendre part au mouvement général d'union et d'harmonie qui entraîne les idées. Enfin les expositions universelles s'élèvent, comme d'hospitaliers caravansérails ou comme des phares lumineux, sur la route si abrupte, hélas ! et si obscure qui conduit les peuples vers la liberté politique, car elles sont pour chaque nation un gage de paix au dehors, de travail et d'ordre au dedans.

C'est donc une heureuse fortune pour le prince Napoléon d'avoir été appelé à diriger l'exposition de 1855, et d'avoir associé à l'une des œuvres les plus mémorables de notre temps, à une œuvre pacifique et libérale, son nom, que l'histoire inscrira également, par un glorieux contraste, dans les bulletins de l'Aima. On voit, par son rapport, que la présidence de la commission impériale n'était point une sinécure, ni l'exercice banal d'une prérogative princière. On y trouve en outre, pour l'organisation des expositions futures, le résultat de longues études, les conseils de l'expérience et du goût, les désirs et jusqu'aux impatiences aventureuses d'un esprit prompt, qui cherche ardemment le progrès, et qui parfois le dépasse. Il est toujours délicat de louer les princes; mais l'embarras cesse devant un acte accompli publiquement, en présence d'une œuvre que chacun peut lire. Le travail, c'est la loi de tous : sur les marches d'un trône comme dans l'exil, c'est l'honneur des princes!

ISBN : 978-1719482684

www.ingramcontent.com/pod-product-compliance
Lightning Source LLC
Chambersburg PA
CBHW030045230526
45472CB00005B/1681